DE L'INSTRUCTION AGRICOLE,

ET DES MOYENS DE LA PROPAGER.

DE L'INSTRUCTION AGRICOLE,

ET DES MOYENS DE LA PROPAGER.

Dans ces temps où l'instruction est devenue pour tous un objet de première nécessité, une question est souvent agitée ; c'est celle de savoir comment il faudrait s'y prendre pour élever à la hauteur des autres connaissances humaines, l'agriculture, cette source de prospérités, restée si long-temps inconnue parmi nous. Alors un moyen vient se présenter à l'esprit du plus grand nombre, c'est de généraliser le plus possible l'établissement des instituts agricoles ou fermes-modèles. En effet, jugeant de cet art par analogie avec les autres, on se trouve assez naturellement porté à penser, qu'on ne saurait faire mieux pour l'instruction de ceux qui s'y destinent, que de les placer de manière à ce qu'ils pussent recevoir les leçons d'une sage pratique, en même temps qu'ils se livreraient à l'étude des théories les plus perfectionnées. Cependant depuis quelques années plusieurs établissemens de ce genre ayant été formés par des hommes qui semblaient réunir toutes les conditions nécessaires à la propagation de la science, il demeure à peu près constant que sur deux à trois cents jeunes gens qui sont sortis de leurs mains, on n'en compte qu'un très-petit nombre dont les entreprises agricoles soient en voie de réussite ; tandis que les autres ne se sont fait connaître que par d'éclatans revers, ou n'ont pu trouver à utiliser les connaissances qu'ils avaient acquises. De ce fait il est résulté que beaucoup de bons esprits commencent à tenir pour douteux si la formation d'un plus grand nombre de fermes-modèles serait bien le moyen le plus propre à propager les bonnes pratiques agricoles, et surtout de les mettre à la portée du plus grand nombre.

Le peu de succès obtenus par les élèves qui sont sortis des fermes-modèles, tenant à des causes indépendantes des individus et des localités, quelques détails à cet égard ne seront pas déplacés, dans une digression qui a pour but de provoquer un autre mode, au moyen duquel on obtiendrait peut-être plus sûrement les résultats que l'on s'était proposés.

Si l'agriculture en était encore au temps où

ceux qui s'occupaient à l'améliorer ne la regardaient guère que comme un art, la tâche imposée aux agriculteurs-modèles eût été beaucoup plus facile à remplir ; pourvu qu'ils eussent indiqué des moyens sûrs d'accroître la fertilité de la terre, ce qui n'est pas difficile, on ne leur eût pas demandé compte des résultats financiers de leurs opérations. Mais depuis que, par suite de la tendance générale des esprits, il n'est rien, ou presque rien, qui ne soit mesuré à l'échelle industrielle, si l'on a permis à la science de s'introduire dans l'agriculture, on a voulu plus que jamais qu'elle demeurât un métier et qu'elle ne fût reconnue bonne, qu'autant qu'elle serait une source de profits. Or, c'a été là précisément l'écueil des jeunes gens qui sont allés apprendre l'agriculture dans les fermes-modèles ; ils en ont rapporté les meilleures théories, et même de la pratique autant qu'il en faut pour faire fleurir un art ; mais il leur a manqué de cette direction mercantile, qui seule peut rendre un métier profitable. En effet, il est aisé de comprendre que cet esprit de détail, qui ne laisse échapper aucune occasion de gains, si petits qu'ils soient, que cette science des affaires qui consiste à savoir tirer parti de tous les avantages dans les transactions mercantiles, et à apprécier au juste la valeur vénale de chaque chose, ne peuvent guère être le partage du directeur d'un pareil établissement. Et cependant la réunion de ces diverses qualités est de première nécessité pour celui qui entreprend une exploitation, avec la pensée d'en faire une opération utile. Cette question a, du reste, été traitée par M. Dombasle avec la haute sagacité qui le caractérise, dans un article intitulé : *Des Succès ou des Revers dans les Améliorations Agricoles.* On peut y voir comment lui, directeur d'une ferme-modèle, explique les causes qui ont amené les revers du très-grand nombre d'élèves qui sont sortis de ses mains, et combien il regarde incomplète l'éducation agricole qui se trouve dans les établissemens de ce genre. J'ajouterai encore, qu'en Angleterre et en Belgique, ces deux pays où se trouve le type de la culture perfectionnée, nous n'entendons pas dire qu'on en soit venu à propager les bonnes pratiques agricoles par la formation de fermes-modèles. C'est que chez ces peuples, si bons juges de tout ce qui se rattache aux intérêts industriels, on a senti que la patience et la persévérance étant les qualités les plus essentielles à un agriculteur, son éducation ne pouvait être improvisée, et devait être le fruit d'une expérience acquise à la longue dans le manîment des hommes et des affaires. En Allemagne on cite, il est vrai, quelques fermes-modèles ;

mais là aussi l'instruction qu'on y reçoit n'est considérée que comme un accessoire dans l'éducation agricole. Les jeunes gens qui se destinent à l'agriculture, soit comme fermiers, soit comme régisseurs, soit même comme propriétaires, commencent à passer quelques années dans les grandes fermes dont ce pays-là abonde. Là ils sont d'abord employés à toutes les opérations manuelles de la culture, dont ils doivent connaître les moindres détails. Ensuite on les fait travailler aux écritures, et ils suivent les marchés avec le maître pour apprendre comment se traitent les achats et lès ventes. Quelquefois ils terminent leur apprentissage par aller passer quelques mois dans une ferme-modèle, pour y apprendre ce qu'il peut y avoir de plus perfectionné dans les théories. Un seul institut agricole, celui de M. de Fellemberg, a peut-être jusqu'à présent fourni, en quelque quantité, à l'agriculture, des sujets pratiques qui eussent reçu là toute leur éducation. Mais si ceux-là ont réussi, c'est précisément par suite de ce même principe que la science des champs ne s'acquiert qu'à force de temps et de pratique. La classe la plus nombreuse, à Hofwil, celle qui a fourni les sujets vraiment utiles à l'agriculture, se compose de jeunes orphelins qui, reçus dès leurs plus tendres années dans l'établissement, se sont identifiés avec tous les détails de l'exploitation d'une ferme, et se sont trouvés naturellement pliés à toutes les habitudes nécessaires à ce genre de réussite.

De tout ceci doit-on conclure qne l'institution des fermes-modèles ait été sans résultat pour l'agriculture? Ce serait assurément une grave erreur. On a voulu dire seulement que des trois choses qui composent le savoir agricole, la science, l'art et le métier, la dernière, celle qui est cependant la plus essentielle, puisque c'est la source la plus certaine des profits, ne saurait être apprise dans un institut agricole. Or, comme ceux qui se livrent à l'agriculture ont tous pour but d'accroître les profits de leur sol, s'il devenait à peu près constant que ceux qui sont donnés pour modèles n'ont jamais pu l'atteindre, il y aurait peut-être à redouter que ces établissemens, si peu heureux dans leurs résultats financiers, ne finissent par faire tomber en discrédit les bonnes pratiques agricoles. Cela est tellement vrai, qu'en Lorraine, dans le pays de la ferme-modèle par excellence, l'influence des améliorations introduites à Roville a été beaucoup moins sensible que dans nos départemens méridionaux parce que la multitude, qui ne raisonne pas, voyant de près les résultats *argent* ne pas répondre à ce qui était promis, s'est tenue sur la réserve, et a condamné en masse les améliorations, sans songer si le manque de profits était la conséquence des doctrines, ou seulement de l'organisation obligée d'un institut agricole. Toutefois, il serait injuste de disconvenir que, par-dessus tous les établissemens de ce genre, celui de Roville n'eût puissamment contribué à donner une vive impulsion à notre agriculture. M. de Dombasle a été pour elle ce que l'Académie des Sciences a été pour une foule d'industries ; il a ouvert la voie aux bonnes théories, et même il a donné de fort bons exemples de pratique ; mais comme nous n'avons tous qu'une certaine somme de facultés à dépenser, une partie des détails qui auraient pu lui procurer des profits lui a échappé aux travers de ses travaux scientifiques. Il est même presque permis de pronostiquer que c'est une portion de la science qui ne pourra jamais être professée dans un institut agricole, du moins, en ce sens, que les résultats financiers de ses opérations puissent être donnés pour exemple d'une industrie profitable. On peut dire que de tels établissemens sont très-propres à exercer une haute influence sur la sommité des doctrines agricoles, mais qu'ils manquent de ce qu'il faut pour les faire adopter par les masses. Quels sont les moyens qui pourraient être employés pour remplir cette lacune dans l'instruction ? C'est ce que nous allons examiner.

Aujourd'hui la science en est venue à ce point, qu'il est des principes nettement posés, dont les avantages ne sont contestés de personne. De bons assolemens, des instrumens perfectionnés, et la facilité qui résulte pour une bonne administration de l'emploi d'une comptabilité régulière, ce sont choses qui ont une valeur intrinsèque, et qui cependant ne peuvent porter des fruits qu'autant qu'elles sont modifiées avec intelligence pour la localité où on veut les appliquer. En même temps, il est un fait digne de remarque, c'est que parmi ces usages locaux que trop légèrement on appelle routine, il est une sorte de choses qui ont réellement le mérite de l'expérience acquise. En sorte qu'on ne parviendra jamais à faire de la science agricole vraiment modèle, qu'en opérant une fusion entre les anciens procédés et les nouvelles méthodes. Dans nos départemens du Midi surtout, où tant de circonstances de climat peuvent venir modifier des théories faites pour le Nord, nous devons être d'autant plus circonspects, et la forme dubitative doit être employée souvent par ceux qui pourraient avoir la prétention d'instruire les autres. En effet, qui de nous osera se donner pour modèle dans cette partie de la science où il s'agit de déterminer quelle est la rotation de récoltes qui non-seulement donnera le plus de profits nets, mais encore devra accroître la fertilité de la terre? Qui de nous osera se donner pour modèle dans cette partie si difficile de l'élève et de l'engraissement des bestiaux, au sujet de laquelle les Anglais disent de nous, que ce qui est cause de notre peu de progrès en agriculture, c'est que nous ne savons pas faire la viande. Pour que les leçons de celui qui se donne pour modèle puissent être fructueuses, il faut qu'il soit sûr de son fait dans les choses essentielles, de manière à ne pas être obligé de démentir le lendemain ce qu'il avait annoncé la veille. Jusque-là, et avant de songer à faire méthodiquement des élèves dans une science où nous sommes si peu avancés, ne serait-il pas plus rationnel que les agriculteurs pratiques, tels qu'ils se trouvent aujourd'hui, se réunissent pour faire, sur les objets les plus importans, des expériences dont l'exactitude étant constatée par les nouvelles formules de comptabilité agricole, elles pussent servir de base aux améliorations que comporte notre climat? C'est ce qui a donné la pensée de proposer la formation de fermes expérimentales, dans le but essentiel de s'occuper à constater les faits, avant de songer à s'occuper de l'éducation des personnes.

Le premier avantage qu'offriraient de tels établissemens serait de pouvoir être mis comme champ d'expérience à la disposition des Sociétés d'Agriculture là où il en existerait. Un des grands inconvéniens attachés à ces sociétés étant que lorsque les meilleures théories y ont été développées autour du tapis vert, il arrive souvent que, faute de pouvoir les appuyer sur des expériences exactes pour déterminer comment leur application peut être modifiée pour la localité où l'on se trouve, ces théories sont rejetées par les praticiens, lorsqu'elles auraient pu leur être la source de grands profits. En effet, comme il arrive assez souvent que les expériences ne sont pas profitables à ceux qui s'y livrent les premiers, on trouve bien des gens qui comprennent les chances d'améliorations qu'elles pourront offrir, mais il en est peu qui veuillent se charger à eux seuls d'en faire les frais. Et, à dire le vrai, on ne peut guère les blamer. On pourrait donc dire que là où il se trouverait des Sociétés d'Agriculture établies, les directeurs des fermes expérimentales qui se trouveraient placés dans leur ressort, devraient s'entendre avec elles pour déterminer quels sont les points qu'il conviendrait d'éclaircir par des expériences régulières.

Un de ceux qui devraient avant tout fixer leur attention, serait de populariser la théorie des assolemens, c'est-à-dire de faire comprendre à la masse, qu'une combinaison judicieuse dans la succession des récoltes peut contribuer, au moins autant que les engrais, à faire rendre à la terre le plus grand profit possible, en même temps qu'elle contribue à accroître sa fertilité ; en un mot, que c'est là la clef de tous les perfectionnemens modernes en agriculture. Dans les pays du Nord, cette science des assolemens est arrivée aujourd'hui à un si haut point qu'un cultivateur un peu habile peut, à très-peu de choses près, préciser quelle sera dans un temps donné la somme des produits bruts qu'il retirera de son sol. Mais ils n'en sont venus à déterminer ainsi quel est l'assolement le plus propre à chaque localité, qu'à la suite d'un grand nombre d'expériences. Et il faut le dire, sous ce rapport les progrès de la science n'ont pas été partout uniformes. Car tandis qu'il est des localités où le trèfle ramené depuis 50 ans à des époques très-rapprochées se développe toujours avec une nouvelle vigueur, et vient ainsi accroître d'autant la fertilité de la terre, il en est d'autres, au contraire où, au bout de 2 ou 3 rotations, ce précieux fourrage a été presque abandonné, comme si la terre se fût lassée de le produire ; et cependant cette différence ne provient d'autre chose que de celle qui existe dans l'assolement. Dans le premier cas on a soin de le placer après une récolte qui favorise son développement, tandis que dans l'autre on n'a pas la même prévoyance.

Après notre ignorance sur les assolemens, le défaut d'engrais forme dans nos exploitations du Midi une des plus grandes difficultés contre lesquelles ait à lutter notre agriculture. Cette difficulté provient non-seulement de ce que plus pauvres en fourrages nous sommes aussi plus pauvres en bestiaux, mais encore de ce qu'à raison de la siccité de notre atmosphère, la même quantité de bétail pourrit infiniment moins de litières. Cela est tellement vrai qu'un agriculteur qui suit de fort près les détails de son exploitation, a reconnu que 100 moutons à l'engrais, qui ne sortent pas de la bergerie, pourrissent à peine 5 voitures de fumier par semaine, tandis qu'à Roville la même quantité de bétail fournit 11 voitures dans le même temps. Un point des plus importans serait de commencer à remplir cette lacune dans nos moyens d'amender la terre. Sous ce rapport la culture du sainfoin, de la luzerne et de la betterave, qui réussissent dans un très-grand nombre de localités méridionales, pourra rendre d'immenses services. Mais il est encore un autre moyen de procéder à la fertilisation du sol, qui est aujourd'hui fort en usage en Allemagne et dont les résultats paraissent très-satisfaisans : c'est de semer des plantes d'une végétation facile, dans l'unique but de les enfouir toutes vertes. Cette sorte de fumure aurait, dans notre climat, ce grand avantage que non-seulement elle accroît la masse des amendemens à employer, mais encore qu'elle augmente la disposition du sol à conserver la fraîcheur, tandis que le fumier animal produit un effet tout contraire. Quelques expériences entamées à ce sujet donnent lieu de penser qu'il existe quelques plantes, surtout parmi les oléagineuses, qui dans une combinaison d'assolemens bien entendus pourraient prendre assez de développement pour fournir en abondance une fumure végétale.

La première obligation imposée aux directeurs de fermes expérimentales, serait donc de chercher à établir par des expériences régulières et multipliées, quels sont les assolemens qui, soit financièrement, soit matériellement, peuvent offrir les résultats les plus favorables sous notre climat ; ensuite, de porter leurs investigations sur les fumures végétales, pour voir s'il n'en serait pas quelqu'une qui pût être employée avec succès.

Mais comme un assolement, quelque fertilisant qu'il soit, manque son but, s'il n'est en même temps profitable, et que dans une rotation de récoltes bien réglées, celles pour la nourriture des animaux tiennent autant de place que celles pour la nourriture de l'homme, le grand écueil de nos agriculteurs méridionaux est de faire consommer utilement celles de leurs denrées qui ne peuvent être conduites sur le marché qu'après avoir changé de formes sous la dent des animaux. On voit beaucoup de gens qui, tout en reconnaissant l'influence immédiate que la culture de la luzerne et du sainfoin exerce sur l'amélioration du sol, y ont cependant renoncé, parce qu'ils n'ont pas su faire consommer ces fourrages d'une manière profitable. En effet, quoique les bêtes à laine soient, en général, le bétail de rendement par excellence pour notre agriculture méridionale, cependant, suivant la race employée et l'époque de la vie de l'animal, son produit dans un temps donné peut être fort différent. Celui qui nourrira à l'étable les produits d'une race chétive, ne pourra jamais en retirer le prix de son fourrage, qui lui sera largement payé s'il travaille sur une belle espèce ; parce que, suivant que ce sera l'une ou l'autre, une quantité de fourrages donné créera 40 à 50 p. o/o de viande de plus ou de moins, et que c'est dans cette différence que consistera le bénéfice ou la perte. Celui qui voudra nourrir à l'étable des moutons mâles depuis le moment du sevrage, jusqu'à celui où ils auront achevé leur croissance, ne sera pas payé de leur consommation, à moins qu'il n'opère sur quelque race très-perfectionnée sous le rapport de la laine et du corsage ; enfin celui qui voulant essayer de l'engraissement des moutons, ne pratiquera pas une foule de détails qui font le savoir du métier, pourra faire consommer beaucoup plus que celui qui a ces connaissances, et cependant obtenir beaucoup moins de poids : il serait donc fort essentiel que tout ce qui tient à l'éducation des bêtes à laine devînt pratique, et fût mis à la portée de tout le monde, par une suite d'expériences faites en connaissance de cause et avec persévérance. Mais ce qui serait surtout fort intéressant pour notre agriculture, serait l'introduction de ces races anglaises si perfectionnées sous le rapport de la laine et du corsage. Dans ce pays, où les perfectionnemens matériels portent sur les moindres choses, un célèbre agriculteur nommé Backwel, est venu à bout de former une race si perfectionnée, qu'à nourriture égale elle prend la graisse beaucoup plus vîte qu'une autre, et tandis que chez nous 100 livres de l'animal en vie donnent à peine 50 p. o/o de viande nette, là on obtient 70 à 75 p. o/o ; c'est-à-dire qu'une quantité de fourrages donnés produisent sur cette race 25 p. o/o de viande de plus ; on sent quel immense avantage il y aurait à l'implanter chez nous, puisque le producteur en y trouvant encore son bénéfice, pourrait livrer la viande au consommateur bien meilleur marché qu'il ne le fait aujourd'hui. Sous le rapport du lainage, il en résulterait encore ce bien, qu'on pourrait fournir à la fabrication des étoffes mélangées soie et laine, une matière qui leur manque; aucune de nos races ne pouvant fournir des laines qui, pour la longueur du brin et le lustre, puissent aller de pair avec celles anglaises; et tous ceux qui s'occupent un peu d'industrie savent qu'aujourd'hui la fabrication de ce genre d'étoffes a pris une extension énorme. La culture du sainfoin et de la betterave venant à se généraliser, nous pourrions fournir à ces précieux animaux une nourriture d'hiver au moins aussi abondante que dans leur pays originel, et l'émigration sur les Alpes, pendant l'été, ne pourrait qu'ajouter à la vigueur naturelle de leur constitution. L'introduction de cette race, qui déjà a été tentée dans le Nord avec des succès plus ou moins variés, serait donc une obligation pour les fermes expérimentales du Midi, pour opérer soit par des croisemens, soit par la multiplication de la race pure.

A mesure que la culture des fourrages artificiels et des racines marchera vers le développement qu'elle peut acquérir, et qui suivant moi peut devenir immense, on doit prévoir le cas où l'agriculture se trouvant encombrée par une trop grande production de laine ou de viande à consommer, il deviendrait convenable de faire absorber cette surabondance de nourriture animale par une autre espèce de bétail. Dans les exploitations où les procédés de la culture perfectionnés sont en usage, et où par conséquent la masse des fourrages à consommer tend à s'accroître, les travaux à effectuer depuis le mois d'avril jusqu'après la moisson sont de peu d'importance, cette époque étant celle où les jumens mettent bas, on a pensé qu'on pourrait sans inconvénient les employer à la production des mulets, que l'on conserverait jusques à l'âge de 6 mois ou un an, pour aider à la consommation des fourrages. A cette époque on les vendrait aux propriétaires des montagnes des hautes et basses Alpes, dont l'industrie consiste à les acheter à cet âge pour les garder jusqu'au moment où ils peuvent commencer à travailler ; car pour cette espèce, comme pour la race moutonnière, il est à remarquer que c'est seulement pendant les premiers temps de son existence qu'elle peut payer la nourriture à l'étable la plus chère de toutes. A mesure que l'animal marche vers son adolescence, la valeur qu'il acquiert n'est plus en rapport avec sa consommation ; alors il faut qu'il soit mis au parcours, jusqu'à ce que son travail vienne fournir au paiement de sa nourriture. En opérant de la sorte, on créerait un objet d'échange entre des départemens voisins, qui y trouveraient un mutuel avantage, tandis qu'ils sont obligés d'aller chercher à 200 lieues les élèves mulets qui sont pour eux un objet de première nécessité. Suivant l'importance des allocations qui leur seraient faites on pourrait exiger que les fermes expérimentales donnassent aussi l'impulsion à cette industrie, en ne composant leurs attelages que de fortes jumens pour le service desquelles il y serait tenu un baudet de première distinction.

Mais pour que le résultat de ces expériences pût être réellement profitable à l'agriculture, il faudrait qu'elles fussent appuyées sur des procédés de comptabilité si exacts, que chacun pût se convaincre par son propre examen de la valeur de celles qui auraient été proclamées bonnes. Sous ce rapport on ne saurait mieux faire que de suivre les formules employées par M. de Dombasle; elles se distinguent par un esprit d'ordre et d'ensemble, qui en élucident les résultats aux yeux les moins clairvoyans.

Enfin, il est un autre but auquel on pourrait parvenir en établissant des fermes expérimentales, ce serait d'en faire comme un point central pour fournir aux agriculteurs un moyen d'échanger leurs idées, car il en est de cette science comme de toutes les autres, c'est là le plus puissant mobile pour arriver aux perfectionnemens, et c'est surtout par là que nous péchons dans nos départemens méridionaux. L'isolement est encore tel, que souvent on rencontre un bon procédé établi dans un village depuis un demi-siècle, (car il ne faut pas croire qu'en agriculture tous les bons procédés datent de nos jours), et l'on ne s'en doute pas seulement à quelques lieues de là. Souvent aussi on rencontre des individus qui sont fort bons praticiens, qui saisissent très-bien la théorie des nouveaux procédés agricoles, mais qui n'ayant pas le temps, ou l'habitude de la rédaction écrite, sont hors d'état de faire participer le public à leurs découvertes. En Angleterre, où l'on connaît si bien les avantages d'une prompte communication pour la pensée, cette idée n'a pas été omise. Au commencement du siècle, lorsque Arthur Yong et John Sainclair donnaient une impulsion si puissante à la science agricole, le bureau central d'agriculture de Londres avait constamment des commissaires en tournée dans les Comtés, pour recueillir, partout où ils les trouvaient, les bons procédés de culture, et on les réunissait ensuite en un corps de doctrine qui était livré à la publicité. C'est par ce moyen que les bonnes méthodes se sont popularisées, et c'est aussi probablement celui qui chez nous obtiendrait le même résultat.

Pour y arriver on pourrait procéder de deux manières. D'abord on pourrait imposer aux directeurs de fermes expérimentales l'obligation de faire annuellement une certaine quantité de tournées dans leur ressort, soit pour se mettre en communication avec les agriculteurs qui désireraient conférer avec eux sur les nouvelles théories, soit pour s'instruire eux-mêmes des méthodes en usage dans chaque localité, et recueillir celles qui leur paraîtraient bonnes.

Ensuite on pourrait dire que dans chacun de ces établissemens il y aurait constamment un certain nombre de places gratuites à la disposition de ceux des agriculteurs domiciliés dans cette circonscription agricole qui désireraient venir y prendre connaissance des procédés mis en usage.

Au moyen de cette organisation centrale, on parviendrait peut-être à faire ce qui est si rare, une bonne statistique agricole, et les communications qui en résulteraient entre des praticiens formeraient peut-être plus de sujets que la réunion, dans un institut, de quelques jeunes gens dépourvus de tous les antécédens nécessaires pour réussir dans cette carrière. En un mot, il serait possible que de tels établissemens devinssent d'autant plus modèles qu'on ne les aurait pas annoncé pour l'être.

Le résumé de toutes les observations faites par les directeurs serait l'objet d'un rapport qu'ils adresseraient annuellement au Préfet de leur département, à l'époque de la session des Conseils généraux, et si le travail paraissait satisfaisant, il en serait adressé un exemplaire à chaque commune.

Un des plus grands obstacles qui se soient opposés à la bonne volonté que plusieurs Conseils généraux ont témoigné pour la formation d'instituts agricoles, a été la considération financière. En effet, pour former de tels établissemens, il ne suffit pas de voter des subsides annuels, il faut se placer sous toutes les conséquences d'un bail à longues années, et les doter d'un fonds de mouvement qui, pour peu de choses, s'éleverait bien vite à 80 ou 100,000 fr. Une ferme expérimentale pourrait être établie sur un pied beaucoup plus simple et avec beaucoup moins de frais ; il suffirait que dans la circonscription où on voudrait la former se trouvât un agriculteur ayant déjà donné quelques preuves de capacité et d'intelligence, dont l'exploitation se trouvât pourvue d'un fonds de mouvement suffisant, et qui voulût se soumettre à consigner ses opérations dans une comptabilité organisée d'après les nouvelles méthodes. Comme il ne s'agirait que de l'indemniser des non-valeurs que les expériences faites sur son sol pourraient lui occasioner, et de le rémunérer pour ses travaux intellectuels, il pourrait y être largement pourvu par une allocation de quelques mille francs, sauf à ne pas la continuer si on s'apercevait que le but proposé ne fût pas atteint.

Et qui empêcherait que deux départemens, placés dans des circonstances de sol et de climat à peu près semblables, ne s'entendissent pour faire en commun les fonds destinés à ces expériences, sans s'inquiéter si l'établissement serait placé sur l'un ou sur l'autre, puisqu'il ne s'agirait que de résultats à constater dans un intérêt commun ? Cette application à un établissement public de ce principe de l'association, si fécond en grandes choses dans l'ordre privé, y obtiendrait peut-être les mêmes résultats, et ce serait un bel exemple à donner, que celui de faire disparaître de petites rivalités de localité devant l'intérêt général bien compris et bien entendu.

J. L. BERGASSE.

(*Extrait des* Annales Provençales, *n°* 57, *Mai* 1834.)

MARSEILLE. Typographie de FEISSAT AÎNÉ ET DEMONCHY, imprimeurs de la Ville et du Commerce, rue Canebière, n° 19. — 1834

www.ingramcontent.com/pod-product-compliance
Ingram Content Group UK Ltd.
Pitfield, Milton Keynes, MK11 3LW, UK
UKHW020540180726
13839UKWH00006B/2620